EXTRAIT DES MÉMOIRES

DE LA

SOCIÉTÉ ZOOLOGIQUE

DE FRANCE

POUR L'ANNÉE 1894

ÉTUDES SUR LES FOURMIS.

(SEPTIÈME NOTE).

SUR L'ANATOMIE DU PÉTIOLE
DE *MYRMICA RUBRA* L.,

par Ch. JANET.

PARIS

AU SIÈGE DE LA SOCIÉTÉ ZOOLOGIQUE DE FRANCE

7, Rue des Grands-Augustins, 7

—

1894

EXTRAIT DES MÉMOIRES DE LA SOCIÉTÉ ZOOLOGIQUE DE FRANCE
Tome VII, page 185, année 1894.

ÉTUDES SUR LES FOURMIS.

(SEPTIÈME NOTE) (1).

SUR L'ANATOMIE DU PÉTIOLE DE *MYRMICA RUBRA* L.,

par Ch. JANET.

Pétiole des Hyménoptères. — Chez tous les Hyménoptères, à l'exception des Tenthrédines, il y a, entre le thorax et l'abdomen, une région fortement rétrécie qui est appelée le pétiole.

Le corselet de ces insectes est constitué par les segments post-céphaliques 1 à 4.

Le pétiole est formé par le segment 5 seul ou par les segments 5 et 6.

Chez les Evanides et les Sphégides la longueur et la minceur du pétiole sont très remarquables. On lit dans Girard (2) que cette extrême ténuité rend « bien difficile l'hypothèse d'une circulation du sang commune entre les régions antérieure et postérieure du corps ». Sans aller jusque-là et sans faire l'hypothèse, car c'est là qu'il y en aurait réellement une, d'une circulation séparée pour le corselet et l'abdomen, il serait intéressant d'examiner avec quelques détails la façon dont les viscères se comportent dans cette région si rétrécie du corps.

Chez les Myrmicides, sans atteindre une ténuité aussi extrême, le pétiole est bien grêle, et c'est le résultat d'une étude sur son anatomie interne qui fait l'objet de la présente note. L'espèce examinée est *Myrmica rubra* L., race *laevinodis* Nyl., récoltée à Beauvais.

Le pétiole est ici formé par les 5e et 6e segments post-céphaliques qui sont appelés premier et deuxième nœuds.

Dans une note précédente (3), j'ai donné quelques détails sur l'extérieur de ces deux anneaux : il ne sera question ici que de

(1) 1re note. Ann. Soc. Ent. Fr., LXII, p. 159, 1893.
   2e note. Ann. Soc. Ent. Fr., LXII, 1893.
   3e note. Bull. Soc. Zool. Fr., XVIII, p. 168, 1893.
   4e note. Soc. Zool. Fr., 1894.
   5e note. Mém. Soc. Acad. de l'Oise, 1894.
   6e note. Ann. Soc. Ent. de Fr., 1894.
(2) Maurice GIRARD, *Traité élémentaire d'entomologie*, II, p. 579.
(3) *Etudes sur les Fourmis*, 5e note.

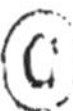

de l'abdomen. A l'inverse de tous les autres muscles du pétiole, son insertion mobile occupe une plus large surface que son insertion fixe. Lorsqu'il agit simultanément avec les paires M.78 et M. 79, qui assurent le contact et la pression voulus, il devient le muscle principal de la production des sons. Le mouvement relatif résultant de sa contraction est un frottement énergique de la crête de friction sur l'aire strée. En réalité, c'est la surface striée qui se meut et frotte sur la crête de friction qui demeure immobile.

Les autres muscles du 2ᵉ nœud consistent en deux paires ventrales, M.76 et M.74, toutes deux, la seconde surtout, moins développées que les paires dorsales et par conséquent à action moins énergique.

Les muscles M. 76 (fig. 3) s'attachent tout près l'un de l'autre sur la bordure supérieure de Se.7.v. Entre ces deux insertions, et à leur contact, se trouvent les deux connectifs N.C.

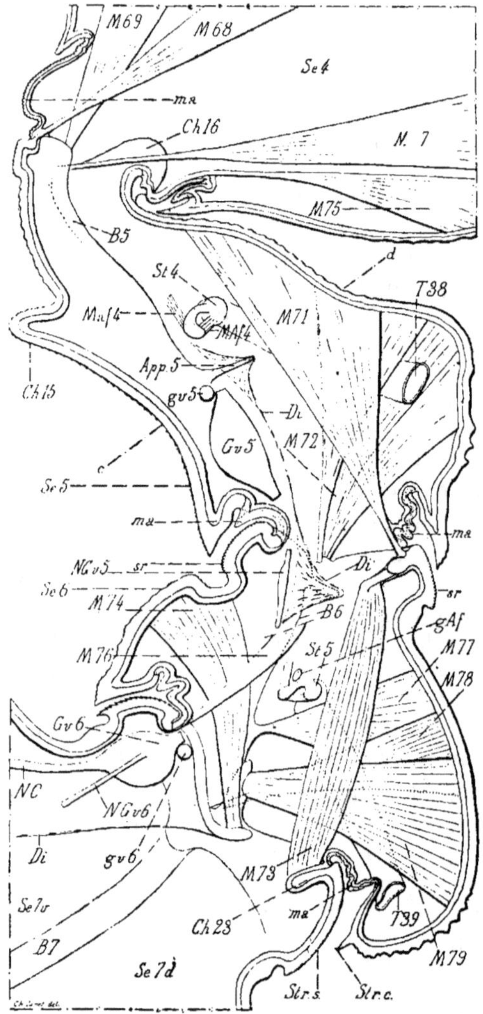

Fig. 3. — *Myrmica rubra* L. femelle ailée. Moitié du pétiole coupé suivant son plan sagittal pour montrer l'ensemble de sa musculature. Tous les viscères sont supposés enlevés, à l'exception d'une partie du système nerveux, d'une partie du diaphragme et des organes de fermeture des stigmates. Grossissement : 100. (Pour le muscle marqué **M.7**, il faut lire **M.67**).

de la chaîne ganglionnaire et, entre ces derniers, le ganglion viscéral gv.6 situé immédiatement au dessus du ganglion G.v.6 Sur la figure 1, ces insertions sont masquées par les connectifs, et c'est pour éviter cela que ces derniers ont été enlevés sur la figure 3. Par leur autre extrémité les muscles M.76 vont, en s'écartant l'un de l'autre, se fixer tout à fait en haut et sur les côtés de l'arceau Se.6.v. Sur la figure 3 cette insertion n'est pas visible, l'extrémité du muscle ayant été supposée coupée et enlevée pour ne pas surcharger la figure et laisser voir nettement le nerf N.G.v.5 et le diaphragme Di. Ce muscle est abaisseur (fléchisseur) de l'abdomen. Il est, dans Se.6.v, l'antagoniste du muscle releveur M.73 situé dans Se.6.d. Il fonctionne également comme antagoniste de M.73 dans le jeu de l'organe de stridulation.

Les muscles M.74 sont situés en dehors de la paire M.76. Ils s'attachent sur les côtés de l'apophyse latérale de Se.7.v. Les deux muscles de cette paire vont, en se rapprochant l'un de l'autre, mais en faisant diverger leurs brins, se fixer sur la région moyenne de Se. 6.v. Ils sont, dans Se. 6.v., les antagonistes de l'ensemble M.78 et M. 79 situé dans Se.6.d. et ils concourent, avec eux, aux mouvements de rotation de l'abdomen.

Par leur contraction simultanée, tous les muscles du deuxième nœud font rentrer le

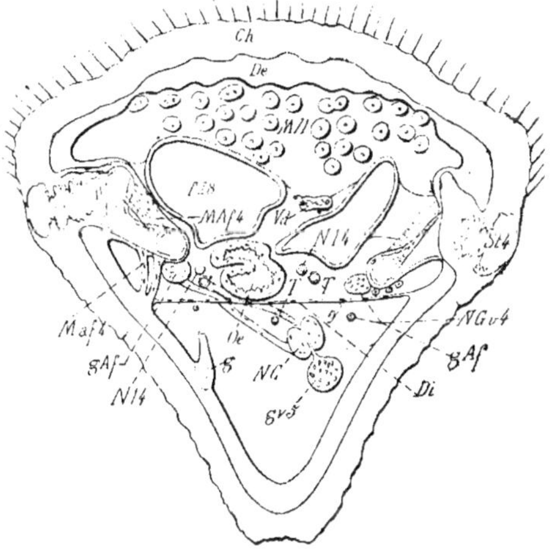

Fig. 4. — *Myrmica rubra* L. Femelle ailée. Tranche transversale dont la face inférieure est représentée approximativement par la trace *c d* sur la figure 3. Grossissement : 200.

bourrelet articulaire de l'anneau Se.7 dans la cavité d'emboîtement de l'anneau précédent. Cette contraction sert à la fois à protéger contre les attaques extérieures l'articulation de l'abdomen et à l'immobiliser. Les rugosités de la surface des bourrelets jouent, dans ce cas, un rôle défensif par leur direction (bourrelet de Se.7.v. fig. 1 et 3) et un rôle mécanique dont j'ai déjà eu précédemment l'occasion de parler (1re Note, p. 166).

Il reste à citer, pour être complet, le muscle adducteur et le muscle abducteur du levier de l'organe de fermeture du 5e stigmate St.5 qui appartient au segment Se.6.

Cet appareil, sur lequel je reviendrai prochainement, dans une Note qui sera consacrée spécialement aux stigmates, est bien visible sur la figure 3. Le levier se dirige en avant, en dedans et en bas. Le muscle adducteur relie le levier à une légère saillie de la chambre stigmatique et en produit la fermeture. Le muscle abducteur antagoniste du précédent part du côté opposé du levier et, après un court trajet va se fixer sur les téguments voisins. Il produit l'ouverture de l'appareil.

En g.A.f on voit l'un des petits ganglions qui président au fonctionnement de ces deux muscles.

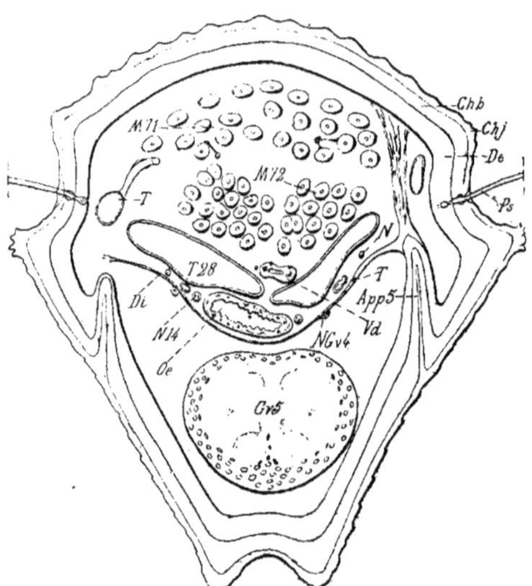

Fig. 5. — *Myrmica rubra* L. Femelle ailée. Tranche transversale dont la face supérieure est représentée approximativement par la trace *c d* sur la figure 3. Grossissement : 200.

Musculature du Segment Se.5, premier nœud du pétiole. — Dans le premier nœud du pétiole la musculature est plus simple :

Le muscle dorso-ventral est tout à fait atrophié ;

Les muscles ventraux sont complètement absents ;

Les muscles dorsaux subsistent seuls et sont bien développés.

Au-dessous de l'appareil de fermeture du stigmate St.4., les bordures latérales de l'arceau Se.5.v, encore reconnaissable malgré sa soudure avec Se.5.d, émettent deux petites apophyses internes App.5 fortement chitinisées et pointues (fig. 3). (Voir aussi la figure d'ensemble Note 5, fig. 1).

Sur la figure 5 on voit, sur l'apophyse de droite, un groupe de filaments dont une partie me paraissent représenter le muscle dorso-ventral avec quelques fibres conjonctives.

Les figures 5 et 6 qui représentent deux tranches dont les faces sont dirigées parallèlement à la trace *cd* marquée sur la figure 3 montrent péremptoirement qu'il n'y a pas dans ce segment Se.5 de muscles ventraux analogues aux muscles M.74 et M.76 du seg-ment suivant Se. 6. Leur rôle dans l'abaissement et la rotation du segment suivant est rempli, comme je le dirai plus loin, par des muscles dorsaux.

Les deux grands muscles dorsaux M.71 (fig. 1, 3, 4, 5, 6,) s'attachent tout près du plan médian sur la bordure supérieure de l'arceau Se.6.d. Ils vont en s'écartant et en faisant largement diverger leurs brins, se fixer, assez haut, sur une large surface de la région dorsale de l'anneau Se.5. Ces muscles sont re-leveurs (extenseurs) de

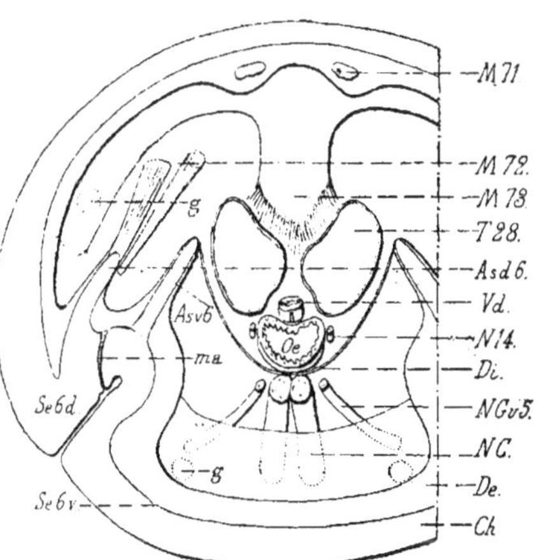

Fig. 6. — *Myrmica rubra* L. — Femelles ailées. Tranche transversale comprenant la partie tout à fait supérieure du 2ᵉ nœud du pétiole. Grossissement : 200.

l'anneau suivant et contribuent par conséquent, avec M.73, au relèvement général de l'abdomen.

A l'ensemble des muscles M.78 et M.79 de Se.6.d correspond ici la paire M.72 que l'on pourrait encore dédoubler en deux paires (Fig. 6) à points d'attache très voisins. Ces muscles M.72 s'attachent sur les côtés des petites apophyses latérales de la bordure supérieure des arceaux suivant Se.6.d et vont se fixer, un peu plus bas que M.71, sur une large surface de l'arceau Se.5.d.

Tandis que les deux arceaux du segment Se.5 sont soudés de manière à former un anneau rigide, les deux arceaux du segment suivant Se.6, sont articulés par l'intermédiaire d'une membrane permettant ces mouvements dorso-ventraux qui expli-quent l'existence d'un muscle dorso-ventral absent ou du moins tout à fait atrophié dans l'anneau rigide Se.5. Toutefois, ainsi que l'on peut en juger par la fig. 6 (ma) cette membrane articulaire est tellement réduite au niveau du bourrelet, qui forme la partie su-rieure de l'anneau, que cette partie est en réalité à peu près rigide, en sorte que les mouvements dorso-ventraux des deux arceaux y restent à près nuls, tandis qu'ils peuvent être assez importants à la partie inférieure de l'anneau. Ces mouvements dorso-ventraux sont par conséquent comparables au mouvement des deux lames d'un soufflet.

Il résulte de cette rigidité que les muscles dorsaux M. 72 suffisent pour produire par leur action simultanée l'abaissement (flexion) de l'anneau suivant et que par conséquent ils sont antagonistes de M.71. Cela ne les empêche d'ailleurs pas de conserver leur rôle primitif de rotateurs qu'ils remplissent ici seuls sans agir simultanément avec une paire correspondante ventrale comme cela a lieu dans l'anneau suivant Se.6.

Ici encore je signale pour terminer (fig. 3 et 4) le muscle M.A.f.4 adducteur et le muscle M.a.f.4 abducteur du levier de l'appareil de fermeture du stigmate (4e stigmate St.4 appartenant au segment Se.5).

Musculature logée dans le 4e segment (1). — Il me reste, pour terminer, à parler de la musculature logée dans le 4e segment, et servant à mouvoir le premier nœud du pétiole et, comme conséquence, de contribuer aux mouvements de tous les anneaux suivants. Sur la bordure supérieure du squelette chitineux du 1er nœud s'attachent 4 paires de muscles dont les brins vont, en divergeant, se fixer dans le segment précédent. Bien que les deux arceaux du 1er nœud soient soudés en un seul anneau rigide, leur suture est encore bien reconnaissable (B.5) et l'on voit que, sur les 4 paires de muscles, deux s'attachent sur l'arceau ventral (M.68, M.69), tandis que les deux autres (M.67, M.75) s'attachent sur l'arceau dorsal.

Les muscles de la paire M.68 (qui correspondent à M.76 de Se.6) sont abaisseurs (fléchisseurs) du premier nœud. Ils s'attachent sur la bordure supérieure de l'arceau ventral tout près du plan médian. Comme ils ont besoin d'être très obliques et de se diriger en arrière, ils vont, en s'écartant l'un de l'autre, se fixer tout à fait à l'extrémité des branches de l'apodème ventral du segment Se.4, aux points où ces branches touchent le tégument dorsal, en sorte que ces muscles qui, morphologiquement, par leurs deux insertions, sont des muscles ventraux, deviennent, pour ainsi dire, physiologiquement dorso-ventraux. Ils acquièrent ainsi à la fois la direction voulue et une longueur en rapport avec la grande amplitude des

---

(1) La musculature de ce quatrième segment du thorax et du premier nœud a été étudiée chez *Lasius flavus* par Lubbock. *On the Anatomy of Ants.* Trans. Linn. Soc. Zool., (2), II, p. 141, pl. II, 1879.

mouvements auxquels ils doivent contribuer, amplitude dont témoigne le grand développement de la membrane articulaire à surface chagrinée, ma, voisine de leur point d'attache.

La paire M.69 (qui correspond à M.74 de Se.6) s'attache, comme la précédente, à la bordure antérieure de l'arceau ventral, non plus près du plan médian mais à droite et à gauche tout-à-fait sur les côtés. Elle aussi est ventrale par ses deux insertions, mais sa direction est beaucoup moins oblique. Les deux muscles qui la composent vont en se rapprochant l'un de l'autre, se fixer encore sur l'apodème ventral de Se.4 non plus aux extrémités de ses deux branches mais tout près de sa base avant la bifurcation. Par leur action simultanée ces deux muscles agissent encore comme fléchisseurs mais moins énergiquement que les précédents ; leur véritable rôle est, par l'action prépondérante de l'un d'eux, d'incliner le pétiole soit vers la droite, soit vers la gauche.

Les muscles M.75 (Fig. 1, 2, 3) (qui correspondent à M.73 de Se.6 et à M.71 de Se.5) sont contenus presque tout entiers dans la tranche représentée sur la figure 2, tranche dont le plan supérieur est indiqué approximativement par la trace ab sur la figure 1. Ce sont les releveurs (extenseurs) du premier nœud. Ils s'attachent, tout à fait l'un contre l'autre, au-dessous de cette lame qui, se prolongeant en un renflement sphérique emboîté dans une cavité semblable du corselet, constitue une forte charnière dont les mouvements, de très grande amplitude dans le plan sagittal, sont, au contraire, assez limités dans les plans transversaux. (Ch. 16, fig. 1, 2, 3). Ces deux muscles vont, en s'écartant l'un de l'autre, se fixer non loin du plan médian sur la région dorsale du segment Se.4 qui forme la base du corselet.

La paire M.67 (1) (correspondant à M.78 et 79 de Se.6 et à M.72 de Se.5) s'attache aussi sur la bordure de l'arceau dorsal du premier nœud, non plus contre le plan médian mais tout à fait sur les côtés, à droite et à gauche. Les insertions des muscles dorsaux M.67 sont ainsi assez voisines de celles des muscles ventraux M.69 (fig. 3). Ils vont se fixer sur la région dorsale de Se.4 immédiatement au-dessus de M.75. Cette paire M.67 produit principalement des mouvements de rotation du pétiole.

En outre de leur action individuelle les quatre paires que je viens de décrire font, par leur action simultanée, rentrer le premier nœud dans le thorax. Cette fonction est importante pour mettre à l'abri de tout danger cette partie si exposée par suite de sa ténuité

_____

(1) Par suite d'un défaut du cliché, ce muscle M.67 est marqué M.7 sur la fig. 0.

et de la grande mobilité de son articulation. On voit dans le plan sagittal sur les figures 1 et 3 et dans un plan transversal sur la figure 2 la forme du logement où cette partie, si délicate, peut venir s'abriter.

Utilité de la présence d'un 4ᵉ segment dans la constitution du corselet. — Le 4ᵉ segment postcéphalique qui prend part à la constitution du corselet contient ainsi une musculature bien développée dont tous les éléments s'attachent sur le cadre articulaire supérieur du premier nœud. Il ne contient d'ailleurs aucun autre muscle : sa musculature est consacrée tout entière et exclusivement aux mouvements du pétiole, mouvements très importants qui se transmettent intégralement à toutes les parties suivantes du corps. On conçoit l'avantage que présente cette disposition. Les trois anneaux thoraciques ont déjà à fournir des muscles nombreux et puissants surtout pour les pattes et les ailes : le concours d'un 4ᵉ anneau qui, lui, est dépourvu d'appendices, vient bien utilement les affranchir de la nécessité de pourvoir encore aux mouvements des anneaux suivants. Il n'y a d'ailleurs aucun inconvénient à ce que le nombre de ces derniers soit un peu diminué. Le squelette chitineux de l'abdomen, proprement dit, peut toujours se développer suffisamment pour loger tous les organes qui lui sont dévolus. Ici, outre le segment Se.4, deux autres anneaux lui sont encore enlevés : ce sont les deux anneaux du pétiole qui est destiné à lui assurer, en tous sens, des mouvements aisés et de grande amplitude. Il retrouve bien facilement tout le volume qui lui est utile, simplement par le très grand développemement d'un seul de ses anneaux, l'anneau Se.7.

Système nerveux moteur et sensitif. — Dans la région inférieure du corselet, à la hauteur du segment Se.3, se trouve la troisième masse ganglionnaire de la chaîne nerveuse ventrale. Cette masse est assez volumineuse (1). Les coupes sagittales, aussi bien chez l'espèce qui m'occupe ici que chez les autres espèces que j'ai étudiées, telles que *Lasius flavus*, m'ont montré qu'il était formé par la réunion des trois ganglions primitifs des segments Se.3, Se.4, Se.5. Cette masse nerveuse comprend donc non-seulement les ganglions des deux segments inférieurs du corselet (Se.3 et Se.4), mais encore celui du premier nœud du pétiole (Se.5).

Le ganglion appartenant morphologiquement au premier nœud se trouve donc ainsi logé dans le corselet et fusionné avec les deux précédents. Il n'est pas représenté dans les figures ci-contre, mais on le trouvera dans le travail d'ensemble que je fais en ce moment

____

(1) Lubbock, *loco cit.*, p. 143.

sur l'anatomie et le développement des Fourmis. A sa partie inférieure, il envoie les deux filets nerveux chargés d'aller innerver
le segment dont il s'est éloigné. Les prolongements et des ramifications de ces filets nerveux se voient en N Gv.4 (fig. 4).

Quant au ganglion (Gv.5, fig. 1, 3, 5), logé dans le premier nœud
(Se.5), il ne lui appartient pas. Ce segment, qui a laissé son ganglion remonter dans le corselet a, d'un autre côté, reçu le ganglion
du segment suivant (Se.6, 2ᵉ nœud), ganglion qui, lui aussi, a été
attiré vers l'avant du corps.

De la partie inférieure de ce ganglion partent les deux filets qui
vont innerver le segment suivant, qui constitue son domaine réel
(N Gv.5, fig. 3 et 6) (1).

Dans le 2ᵉ nœud il n'y a pas de ganglion. Le mouvement d'en-
traînement s'est à peu près arrêté au-dessous de ce nœud, car il n'a
pas été suffisant pour lui amener le ganglion suivant Gv.6.

Ce ganglion Gv.6 qui préside à l'innervation du segment Se.7 est
ainsi resté logé dans le segment auquel il appartient, mais il a été
attiré vers la partie tout à fait supérieure de son anneau contre le
bourrelet sur lequel il vient pour ainsi dire buter. On le voit sur la
figure 3 avec les deux nerfs qu'il émet (N Gv.6).

Système nerveux viscéral. — Au niveau de sa suture avec le ganglion précédent et sur sa face ventrale, le ganglion appartenant morphologiquement au segment Se. 5 et qui est logé dans le corselet
porte un petit ganglion viscéral.

Le ganglion Gv.5 (logé dans Se.5, mais appartenant à Se.6) montre également à sa partie supérieure un petit ganglion viscéral
(fig. 1, 3, 4).

Le ganglion Gv.6 (logé à la partie supérieure de Se.7 et lui appartenant réellement) est également accompagné de son petit ganglion
viscéral (fig. 1 et 3).

Ce dernier n'occupe pas une situation absolument constante dans
mes préparations. Tantôt il est ventral, comme c'est le cas normal

---

(1) Adlerz (*Myrmecologiska Studier*. K. Svenska Vet. Akad. Handlingar
Stockholm, XI, 1886) a très exactement représenté ces nerfs (pl. VI, fig. 1) chez *Cam-
ponotus ligniperdus* ♀. Dans sa fig. 7, qui représente une dissection fort exacte de
la chaine nerveuse de *Myrmica scabrinodis*, il y a deux ganglions indiqués comme
appartenant au pétiole. En réalité, le premier ganglion de cette figure appartient
seul au pétiole. C'est le ganglion de Se6 (deuxième nœud) qui est venu se loger dans
Se5 (premier nœud). Le deuxième ganglion de la figure n'appartient en aucune façon
au pétiole. C'est le ganglion logé à la partie tout à fait supérieure de Se7 (premier
anneau de l'abdomen proprement dit) et innervant le segment même dans lequel il
est logé.

pour les autres ganglions (fig. 1); tantôt (fig. 3) son pédoncule s'infléchit et il occupe une situation plus dorsale par rapport à la chaîne ganglionnaire ; tantôt enfin il occupe une position intermédiaire et vient se loger entre les deux connectifs. Ces deux dernières positions pourraient bien être ici, par exception, la disposition normale car, dans la situation ventrale représentée fig. 1, ce petit ganglion gv.6 paraît être bien exposé aux frottements de la face interne du squelette chitineux.

Ces petits ganglions, que l'on retrouve encore sur les ganglions abdominaux suivants, constituent tout ce que j'ai pu voir de la partie du système nerveux viscéral qui accompagne la chaîne ganglionnaire ventrale.

Les petits ganglions qui commandent le fonctionnement des appareils de fermeture des stigmates se voient dans la fig. 4 (g A f). Sur cette dernière, le filament nerveux qui aboutit à ces ganglions traverse le diaphragme Di ; on le voit sortir de l'un des connectifs N C, comme si ses fibres d'origine étaient intimement fusionnées avec lui.

Les deux nerfs qui, partant des ganglions viscéraux situés à la base du cerveau, accompagnent l'œsophage dans toute sa longueur, sont bien nets (N.14) sur les figures 1, 2, 4, 5, 6.

Diaphragme. — Le diaphragme ou septum Di apparait bien nettement dans toutes les coupes du pétiole depuis la partie tout à fait supérieure du premier nœud.

Dans la figure 4, il est remarquable par sa forme plane. Il est, là, comme fortement tendu au travers de la cavité périviscérale. Sur les côtés on le voit s'unir aux téguments, juste au dessous de l'insertion du muscle M a f.4, abducteur du levier stigmatique, au droit des côtés de l'arceau ventral, ici intimement soudé avec l'arceau dorsal correspondant.

Dans la fig. 5, il n'est plus tendu comme dans la figure 4, mais il est soulevé par les deux apophyses App.5 des côtés droit et gauches de l'arceau Se.5.v. Cela se voit bien encore dans la fig. 3 où j'ai laissé un lambeau de diaphragme pris le long de son insertion sur le tégument.

Dans la fig. 6, c'est-à-dire à son entrée dans le deuxième nœud, il est encore plus soulevé par les apophyses latérales du bord supérieur de Se.6.v. et il forme en ce point une véritable gouttière dans laquelle sont couchés les viscères. La figure 3 montre bien ce soulèvement de l'insertion du diaphragme.

Sur ces 3 figures on voit que le diaphragme, inséré tout à fait sur

le côté des arceaux ventraux, divise la cavité du corps en deux cavités distinctes : une cavité ventrale ou nerveuse contenant la
chaîne nerveuse ; une cavité dorsale ou viscérale contenant les organes de la circulation, de la respiration et de la digestion.

Dans le deuxième nœud Se.6, la cavité ventrale loge les muscles
ventraux, c'est à-dire ceux dont les deux insertions sont sur des
arceaux ventraux ; tandis que la cavité dorsale loge à la fois les
muscles dorsaux et le muscle dorso-ventral.

Les nerfs traversent le diaphragme pour aller innerver les organes contenus dans la cavité dorsale (Fig. 4.)

Réciproquement des trachées traversent le diaphragme pour aller
se ramifier dans les centres nerveux et les muscles de la cavité
ventrale (Fig. 4).

Disposition normale des viscères dans la partie inférieure du thorax.
— Dans la partie inférieure du thorax, à la hauteur de la suture des
anneaux Se.3 et Se.4, les viscères présentent une disposition relative
normale.

L'œsophage occupe une situation centrale. Sur ses côtés, à droite
et à gauche, courent les deux grands troncs trachéens longitudinaux. Entre ces troncs trachéens et l'œsophage, accolés aux côtés
de ce dernier, mais un peu rapprochés de sa face ventrale, sont les
deux nerfs gastriques N.14.

Le cœur s'étend le long de la face dorsale de l'œsophage et les
connectifs le long de la face ventrale.

Le cœur, l'œsophage et les connectifs sont ainsi dans un même
plan sagittal.

Les muscles M.68 passent à droite et à gauche le long des connectifs. (Fig. 3).

Les muscles M.67 passent à droite et à gauche le long du cœur.

Les muscles M.75 sont situés dorsalement le long de ces derniers.

Extérieurement, à droite et à gauche, tout cet ensemble de
muscles et de viscères est flanqué d'un paquet de grosses cellules
glandulaires dont les canaux excréteurs, tout en restant distincts,
forment des faisceaux qui aboutissent aux cribles situés dans la
partie la plus élevée de chacune des deux grandes chambres latérales creusées dans les côtés du segment Se.4.

Passage des viscères du thorax au pétiole. — Arrivés à la partie
tout à fait inférieure du thorax, il ne reste plus, de tout l'ensemble
que je viens de décrire, que l'œsophage avec ses deux nerfs, les
deux troncs trachéens, le cœur et les connectifs accompagnés des
filets nerveux destinés à l'innervation du premier nœud. Ces organes

se déplacent peu à peu les uns par rapport aux autres et finissent par prendre une disposition nouvelle. Ils s'alignent tous dans un même plan transversal de manière à se prêter, sans danger, aux mouvements de charnière si répétés et de si grande amplitude auxquels ils sont soumis. Cette disposition se voit sur la fig. 2. Les filets nerveux N.14 ont pris une position un peu plus dorsale pour être aussi près que possible de l'axe des mouvements de charnière. Les troncs trachéens ont pu rester dans leur situation normale à droite et à gauche de l'œsophage, mais celui situé à la droite de l'animal s'est écarté pour fournir de la place aux connectifs nerveux et au cœur. Ces deux organes ont quitté la situation qu'ils occupaient dans le plan sagittal; ils se sont dirigés l'un vers l'autre, se sont accolés et se sont placés : les connectifs, sur le flanc droit de l'œsophage; le cœur, sur le flanc gauche de la trachée droite.

Toutefois, cet ordre n'a rien d'absolu et, au cours de la nymphose, les connectifs de la chaîne nerveuse et l'aorte peuvent parfois dévier du côté opposé à celui que je viens d'indiquer, et peut-être même dévier l'un d'un côté, l'autre de l'autre, par rapport au tube digestif.

C'est tout à fait à la partie supérieure du premier nœud, immédiatement au dessous de son bourrelet d'articulation avec le thorax, que se trouve cette partie, la plus étroite du pétiole, où les viscères présentent la disposition que je viens de décrire. Chez une ouvrière dont la tête et l'abdomen avaient 1 millimètre de diamètre latéral, j'ai trouvé, pour les dimensions du pétiole, en ce point le plus rétréci :

Diamètre ventro-dorsal m. m. 0,095.
    —   latéral   0,245.

Disposition des viscères dans le pétiole. — Peu après avoir franchi cet étroit passage, les viscères tendent à reprendre un groupement se rapprochant de la disposition normale que nous avons vue à la base du corselet. Ce groupement est indiqué par les figures 4 et 5 et surtout par la figure 6.

La chaîne ganglionnaire est logée dans la cavité ventrale, dans le plan médian, immédiatement au-dessous de l'œsophage dont elle n'est séparée que par le diaphragme (fig. 6).

L'œsophage Oe reste toujours accompagné de ses deux nerfs gastriques N.14.

L'aorte (Vd.) qui a repris sa place sur la face dorsale de l'œsophage se loge (fig. 6) dans une légère dépression de cette face. Sur la figure 4 on voit des filaments conjonctifs qui la soutiennent et la relient aux trachées. Les coupes montrent les filets nerveux qui l'accompagnent (fig. 4 ,5, 6).

Seuls les deux troncs trachéens n'ont pas repris tout à fait la place qu'ils occupaient dans le thorax. Au lieu de se placer à droite et à gauche de l'œsophage ils se rapprochent l'un de l'autre et restent un peu plus dorsaux.

Troncs trachéens. — Le pétiole est parcouru dans toute sa longueur par les deux troncs trachéens longitudinaux (T.28, fig. 1, 2, 4, 5, 6) dont j'en ai indiqué ci-dessus la situation.

Dans chaque nœud ces deux troncs longitudinaux sont réunis aux stigmates par deux troncs forcément très courts (fig.4). Chacun de ces troncs émet sur sa face ventrale des ramifications dont proviennent celles marquées (T) sur la figure 4, et en particulier les ramifications qui aboutissent à la chaîne nerveuse. De leur face dorsale, au contraire, partent deux grosses branches qui constituent les troncs transversaux T.38 dans le premier, et T.39 dans le second nœud. Ces troncs transversaux, de calibre assez réduit à leurs extrémités, qui débouchent dans les troncs stigmatiques, se dilatent assez notablement dans leur région moyenne ou dorsale. Dans le 1er nœud, ce tronc transversal est placé assez haut, au milieu des brins des muscles M.72. Dans le 2e nœud, au contraire, il passe sous les muscles M.79, qui correspondent aux précédents, descend très bas et se trouve ainsi tout près de l'appareil de stridulation (T.39, fig. 3), ce qui n'est peut-être pas un rapprochement fortuit.

Conclusions. — L'étude que je viens de faire montre que chez *Myrmica,* sauf à sa jonction avec le thorax, où il est susceptible de mouvements de charnière de grande amplitude, le pétiole, malgré sa grande ténuité, permet à tous les viscères d'occuper leur situation habituelle.

Il est parcouru par deux gros troncs trachéens longitudinaux, munis, dans chacun des deux nœuds, de troncs stigmatiques qui émettent des ramifications ventrales et un tronc transversal dorsal. Les stigmates y sont absolument normaux avec leur appareil de fermeture mu par un muscle adducteur et un muscle abducteur.

L'aorte y fait passer d'une façon normale le courant ascendant du sang qui trouve pour redescendre un passage relativement très grand.

L'œsophage, flanqué des deux nerfs gastriques, le traverse en restant accolé au diaphragme.

Ce dernier y est partout d'une netteté remarquable.

Le ganglion appartenant au 1er nœud est remonté dans le corselet.

Le ganglion du 2ᵉ nœud est remonté dans le 1ᵉʳ nœud.

Le ganglion du segment Se.7 est resté dans son anneau, en sorte que le 2ᵉ nœud ne contient pas de ganglion (et il en est de même chez *Lasius* où le segment abdominal Se.6 qui correspond au 2ᵉ nœud des Myrmicides a été, lui aussi, abandonné par son centre nerveux).

Quant à la musculature, dont la composition est franchement celle d'anneaux abdominaux, elle a subi, dans le dernier segment du corselet Se.4 et surtout dans le 1ᵉʳ nœud Se.5, d'importantes réductions qui n'ont guère frappé le 2ᵉ nœud Se.6.

Les muscles qui produisent la stridulation ne sont autres que les muscles normaux chargés des mouvements relatifs du segment Se.7 par rapport au segment Se.6.

EXPLICATION DES ABRÉVIATIONS EMPLOYÉES DANS LES FIGURES.

App.5. Apophyses internes des côtés de l'arceau Se.5.v. (arceau ventral du premier nœud du pétiole).

Asd.6. Apophyses latérales de la bordure supérieure de l'arceau Se.6.d.

Asv.6. Apophyses latérales de la bordure supérieure de l'arceau Se.6.v.

a b. Trace approximative, sur la fig. 1, du plan supérieur de la tranche représentée par la fig. 2.

B.5. Bourrelet articulaire des arceaux dorsal et ventral du segment Se.5.

B.6. Bourrelet articulaire des arceaux dorsal et ventral du segment Se 6.

B.7. Bourrelet articulaire des arceaux dorsal et ventral du segment Se.7.

Ch. Squelette chitineux.

Ch.b. Partie blanche peu chitinisée du squelette.

Ch.j. Partie jaune fortement chitinisée du squelette.

Ch.15. Butoir médian situé à la partie antérieure de l'arceau Se.5.v.

Ch.16. Articulation dorsale à tête sphérique, de la partie supérieure de l'arceau Se.5.d. (1ᵉʳ nœud).

Ch.22. Nervure en forme de lame transverse de la partie supérieure de l'arceau Se.6.d. (2ᵉ nœud).

Ch.23. Nervure en forme de lame transverse de la partie supérieure de l'arceau Se.7.d.

c d. Direction approximative, sur la fig. 3, des coupes qui ont fourni les tranches représentées par les fig. 4 et 5. La figure 4 comprend les parties situées au-dessus, tandis que la figure 5 comprend les parties situées au dessous de c d. Sur l'individu qui a fourni ces deux dernières figures, le ganglion Gv.5. et le petit ganglion viscéral g v 5 étaient placés un peu plus haut que ne l'indique la figure 3. C'est pour cela que le petit ganglion g v 5 est compris dans la figure 4.

De. Épiderme tégumentaire (Derme, Hypoderme).

Di. Diaphragme (Septum).

Gv.5. Ganglion de la chaîne nerveuse ventrale logé dans le 5ᵉ anneau post-céphalique (Se.5, 1ᵉʳ nœud), mais appartenant morphologiquement au segment Se6. qu'il innerve.

Gv.6. Ganglion de la chaîne nerveuse ventrale logé dans la partie supérieure de l'anneau Se.7, auquel il appartient morphologiquement.

g.   Petits ganglions nerveux.

g A f.   Ganglions des organes de fermeture des stigmates.

g s.   Ganglions sensitifs.

g v.5.   Ganglion viscéral situé à la partie supérieure du ganglion Gv.5. de la
            chaîne nerveuse et, comme lui, appartenant non pas à l'anneau Se.5,
            dans lequel il est logé, mais au segment suivant Se.6 (2ᵉ nœud).

g v.6.   Ganglion viscéral situé à la partie supérieure du ganglion Gv.6 de la
            chaîne nerveuse et, comme lui, appartenant au segment Se.7, dans
            lequel il est logé.

Jab.   Jabot.

M.73.   (dans le segm. Se.6 ou 2ᵉ nœud). Muscles releveurs du segm. Se.7.

M.76.   (dans le segm. Se.6 ou 2ᵉ nœud). Muscles abaisseurs du segm. Se.7.

M.79.   (dans le segm. Se.6 ou 2ᵉ nœud). Muscles rotateurs dorsaux du segm. Se.7.

M.78.   (dans le segm. Se.6 ou 2ᵉ nœud). Muscles rotateurs dorsaux externes du
            segm. Se.7.

M.74.   (dans le segm. Se.6 ou 2ᵉ nœud). Muscles rotateurs ventraux du segm. Se.7.

M.77.   (dans le segm. Se.6 ou 2ᵉ nœud). Muscles dorso-ventraux du segm. Se 6 ou
            2ᵉ nœud.

M.71.   (dans le segm. Se.5 ou 1ᵉʳ nœud). Muscles releveurs du segm. Se.6 ou
            2ᵉ nœud.

M.72.   (dans le segm. Se.5 ou 1ᵉʳ nœud). Muscles rotateurs du segm. Se.6 ou
            2ᵉ nœud.

M.75.   (dans le segm. Se.4). Muscles releveurs du segm. Se.5 ou 1ᵉʳ nœud.

M.68.   (dans le segm. Se.4). Muscles abaisseurs du segm. Se.5 ou 1ᵉʳ nœud.

M.67.   (dans le segm. Se.4). Muscles rotateurs dorsaux du segm. Se.5 ou 1ᵉʳ
            nœud.

M.69.   (dans le segm. Se.4). Muscles rotateurs ventraux du segm. Se.5 ou 1ᵉʳ
            nœud.

MAf.   Muscle adducteur du levier de l'appareil de fermeture d'un stigmate.

MAf.4.   Muscle adducteur du levier de l'appareil de fermeture du 4ᵉ stigmate situé
            dans le segm. Se.5.

M af.   Muscle abducteur du levier de l'appareil de fermeture d'un stigmate.

Maf.4.   Muscle abducteur du levier de l'appareil de fermeture du 4ᵉ stigmate situé
            dans le segm. Se.5.

m a.   Membrane articulaire du squelette.

m a.5.   Membrane articulaire entre le thorax et le 1ᵉʳ nœud (entre Se.4 et Se 5).

N.   Nerf.

N.14.   Paire de nerfs viscéraux accompagnant l'œsophage.

N C   Connectifs de la chaîne ganglionnaire ventrale.

NGv.5.   Grands nerfs émis par le ganglion Gv.5.

NGv.6.   Grands nerfs émis par le ganglion Gv.5.

Oe.   Œsophage.

Os.   Organes sensitifs divers.

Ps.   Poils sensitifs.

Se.4.   4ᵉ segment post-céphalique (dernier segment du corselet).

Se.5.   5ᵉ segment post-céphalique (1ᵉʳ nœud du pétiole).

Se.6.   6ᵉ segment post-céphalique (2ᵉ nœud du pétiole).

Se.7.   7ᵉ segment post-céphalique.

Se.5.d.   Arceau dorsal du segment Se.5.

Se.6.d.   Arceau dorsal du segment Se.6.

Se.7.d. Arceau dorsal du segment Se.7.
Se.5.v. Arceau ventral du segment Se.5.
Se.6.v. Arceau ventral du segment Se.6.
Se.7.v. Arceau ventral du segment Se.7.
Se p.   Septum (Diaphragme).
s r.   Surface rugueuse.
St.4.   4ᵉ stigmate situé sur le segment Se.5 (1ᵉʳ nœud du pétiole).
St.5.   5ᵉ stigmate situé sur le segment Se.6 (2ᵉ nœud du pétiole).
Str.c.   Appareil de stridulation, crête de frottement.
Str.s.   Appareil de stridulation, aire striée.
T.   Trachée.
T.28.   Gros troncs trachéens longitudinaux du thorax et du pétiole.
T.38.   Tronc transverse dorsal du premier nœud.
T.39.   Tronc transverse dorsal du deuxième nœud.
Vd.   Vaisseau dorsal.

www.ingramcontent.com/pod-product-compliance
Lightning Source LLC
LaVergne TN
LVHW051343200726
843510LV00002B/790